Jeremiah David Bala

Malariologia na África Tropical - Uma cartilha

Jeremiah David Bala

Malariologia na África Tropical - Uma cartilha

ScienciaScripts

Cover image: www.ingimage.com

This book is a translation from the original published under ISBN 978-3-659-53560-4.

Publisher:
Sciencia Scripts
is a trademark of
Dodo Books Indian Ocean Ltd. and OmniScriptum S.R.L publishing group

120 High Road, East Finchley, London, N2 9ED, United Kingdom
Str. Armeneasca 28/1, office 1, Chisinau MD-2012, Republic of Moldova, Europe
Printed at: see last page
ISBN: 978-620-7-90825-7

Índice

RESUMO

A malária é uma das doenças parasitárias tropicais mais prevalentes e devastadoras. A malária é uma doença das zonas tropicais e subtropicais e pode também ocorrer em regiões temperadas. Apresenta enormes problemas de saúde em África. O livro intitulado "*Malariology in Tropical Africa - A Primer*" (*Malariologia na África Tropical - Uma Cartilha) faz uma* revisão exaustiva e elucida de forma concisa informações detalhadas sobre o desenvolvimento atual da malariologia. Revelou as abordagens actuais para o controlo do paludismo, os programas e iniciativas globais actuais orientados para a erradicação do paludismo, a quimioterapia e os remédios à base de plantas para o paludismo, a patogénese, a patologia e os achados clínicos da infeção pelo paludismo, a epidemiologia, a imunidade/defesas do hospedeiro contra o paludismo e, em particular, a possibilidade de utilizar uma vacina eficaz contra o paludismo num futuro próximo.

Palavras-chave: Quimioterapia; Controlo; Epidemiologia; Fitoterapia; Imunidade/hospedeiro

Defesa; Ciclo de vida; Malariologia; Patogénese; África tropical; Vacina.

DEDICAÇÃO

Este livro é dedicado a:

A minha adorável e amada esposa:

Wazotah Jeremiah (Tesouro)

Que sempre me amaram incondicionalmente e cujos bons exemplos me ensinaram a trabalhar arduamente pelas coisas que ambiciono alcançar. Estou verdadeiramente grato por vos ter na minha vida.

Meus queridos filhos:

Maxwell Polycarp Jeremiah, Magnus Polycarp Jeremiah e Marvin Polycarp Jeremiah

Todos vocês têm sido os meus melhores líderes de claque.

RECONHECIMENTO

Dou graças a Deus Todo-Poderoso, que me dá vida, objetivo e satisfação, e pela Sua graça eterna, amor infinito e misericórdia sem medida que me concedeu para a vida e para a eternidade.

Desejo exprimir a minha profunda gratidão ao Professor U.J.J. Ijah, que, com a sua persistência nas correcções, sugestões úteis, conselhos regulares, comentários, orientação, assistência e encorajamento, permitiu o nascimento deste livro. Agradeço-lhe sinceramente as suas formas de compreensão, as coisas que fez com tanta atenção e o seu encorajamento nas esperanças e planos que partilhámos.

Em especial, tenho de expressar a minha gratidão e profundo apreço a todo o pessoal académico e não académico do Departamento de Microbiologia da Universidade Federal de Tecnologia de Minna, Nigéria. Ajudaram-me constantemente a manter a perspetiva do que é importante na vida e mostraram-me como lidar com a realidade.

Devo uma profunda gratidão à minha amável e querida esposa, Wazotah Jeremiah, por me ter apoiado ao longo de toda a compilação do livro e pela sua constante fonte de apoio, encorajamento, grande sacrifício, paciência e compreensão durante os desafios da vida. Maxwell, Magnus e Marvin também merecem o meu sincero agradecimento.

Tenho de exprimir a minha gratidão e o meu sincero apreço à minha querida mãe, aos meus irmãos e irmãs pelo seu incessante encorajamento, amor e orações incessantes.

Por último, gostaria de deixar o espaço restante em memória do meu querido e falecido pai:

Cujas palavras de encorajamento e de incentivo à tenacidade ressoam nos meus ouvidos.

Baba, entra na alegria do teu Mestre. Que Deus te abençoe, Baba, e te guarde ao Seu cuidado, até nos encontrarmos de novo.

PREFÁCIO

A malária é uma doença devastadora, sobretudo nos países tropicais africanos que ainda estão em desenvolvimento. Mata muitas pessoas, sobretudo crianças. Isto deve-se ao facto de a maioria das pessoas nos países em desenvolvimento não compreenderem totalmente a biologia e a patogénese da doença. Isto significa, portanto, que devem ser escritos mais livros nesta área, que sejam abrangentes e fáceis de compreender. Este livro intitulado "A Primer on Malariology in Tropical Africa" cumpre este objetivo. O livro tem sete capítulos. O primeiro capítulo contém informação de base sobre a malária. O capítulo dois trata dos tipos, da patogénese, da patologia, dos achados clínicos do paludismo e do ciclo de vida do parasita. No capítulo três, são apresentadas a imunidade e as defesas do hospedeiro contra a doença, enquanto o capítulo quatro apresenta informações pormenorizadas sobre a epidemiologia da malária. O capítulo cinco aborda a quimioterapia da malária, incluindo os medicamentos à base de plantas. Esta é uma área interessante, tendo em conta a resistência dos parasitas aos medicamentos sintéticos existentes. Os actuais esforços e iniciativas globais têm sido orientados para a erradicação da malária, utilizando abordagens modernas. Estas são analisadas no capítulo seis. O capítulo sete apresenta o desenvolvimento, os progressos e as perspectivas futuras da produção de vacinas contra a malária. O livro contém também referências relevantes.

A julgar por estes conteúdos impressionantes, o livro é recomendado para o público em geral, profissionais de saúde, estudantes, professores, investigadores e decisores políticos. Não há dúvida de que este livro enriquecerá os seus conhecimentos em malariologia e fornecerá formas simples de resolver o problema da malária na nossa sociedade.

Não basta comprar um exemplar, mas também comprar para amigos, familiares e colegas de trabalho, uma vez que a prevenção e o controlo da malária na nossa sociedade é um esforço coletivo.

Professor U.J.J. IJAH

Departamento de Microbiologia, Universidade Federal de Tecnologia, Minna, Estado do Níger, Nigéria.

CAPÍTULO 1

1.0 INTRODUÇÃO

A malária é um flagelo antigo, tal como evidenciado pelos primeiros escritos chineses e hindus. Durante o século IV a.C., os gregos notaram a sua associação com a exposição a pântanos e iniciaram projectos de drenagem para controlar a doença. Os italianos deram à doença o seu nome, Malária, que significa "mau ar", no século XVII, devido à sua associação com os vapores mal cheirosos dos pântanos perto de Roma.

De acordo com o oxford concise medical dictionary, a malária é referida como ague, febre do pântano, febre periódica e paludismo. Doença infecciosa devida à presença de protozoários parasitas do género *Plasmodium* (*P. falciparum, P. malariae, P. ovale ou P.vivax*) no interior dos glóbulos vermelhos. A doença é transmitida pelo mosquito *Anopheles* e está confinada principalmente às zonas tropicais e subtropicais.

A malária é uma infeção recidivante aguda e crónica grave no ser humano, caracterizada por paroxismos periódicos de arrepios e febre, graus variáveis de anemia, esplenomegalia, hepatomegalia e vários síndromes resultantes do envolvimento de órgãos individuais. É uma doença das zonas tropicais e subtropicais, podendo também ocorrer em regiões temperadas. A sua disseminação diminui com a distância do equador.

A malária apresenta enormes problemas de saúde em África e é possível que mais de 90% dos 200 milhões de pessoas que se estima estarem infectadas com malária no mundo se encontrem em África. Dos cerca de 300 a 400 milhões de ataques agudos por ano, em todo o mundo, cerca de 80% dos casos (incluindo mortes) ocorrem na África tropical. Devido à resistência aos medicamentos e aos insecticidas, a malária está agora a aumentar a nível mundial, especialmente em África, na Índia, no Extremo Oriente e na América do Sul. Calcula-se que cerca de 35% da população mundial esteja infetada, com cerca de 10 milhões de novos casos por ano e talvez dois milhões de mortes. Calcula-se que mais de 300 milhões de pessoas sejam infectadas todos os anos e que mais de um milhão morra anualmente de malária só em África. Todos os anos, registam-se mais de 150 milhões de casos de malária no mundo. Só na África tropical, a malária é responsável todos os anos pela morte de cerca de um milhão de crianças com menos de 14 anos. São registados cerca de 1000 casos por ano nos Estados Unidos, divididos entre viajantes americanos que regressam e cidadãos não americanos.

De acordo com a Organização Mundial de Saúde (OMS), 270 milhões de pessoas têm atualmente malária e, todos os anos, 1 a 2 milhões destas pessoas infectadas morrem da doença. Atualmente, há 300 a 500 milhões de pessoas infectadas anualmente em todo o mundo, com cerca de 3 milhões de mortes e também com uma criança a morrer da doença a cada 40 segundos. Há cada vez mais pessoas a morrer da doença. Da mesma forma, há informações de que existem cerca de 200 milhões a 500 milhões de novos casos por ano no mundo e que a doença é a causa direta de 1 milhão a 2,5 milhões de mortes por ano.

Ao longo da história da humanidade, incluindo os tempos pré-históricos, a malária tem sido uma das maiores aflições, ao mesmo nível que a gripe e a tuberculose. Ainda hoje, como doença protozoária dominante, ameaça anualmente 40% da população mundial e continuam a ser notificados cerca de 300 milhões a 500 milhões de novos casos por ano, cerca de 90% dos quais em África. As vítimas mais frequentes são as crianças e os jovens adultos, dos quais pelo menos 2 milhões morrem anualmente. A taxa total de casos nos Estados Unidos é de cerca de 1000 a 2000 novos casos por ano, a maioria dos quais ocorre em imigrantes.

Todos os anos, mais de um milhão de pessoas em todo o mundo morrem de malária e são descobertos mais de 100 milhões de novos casos, sendo as crianças particularmente afectadas. Calcula-se que, nas zonas rurais da África tropical, uma em cada 20 crianças morra de malária antes dos 5 anos de idade.

Dos 110 milhões de casos clínicos de malária notificados anualmente, mais de 90 milhões ocorrem em África, a sul do Sara. Calcula-se que 280 milhões de pessoas sejam portadoras do parasita da malária na região. De acordo com um relatório da Divisão da População das Nações Unidas de 1990, o paludismo é a única doença, para além da síndrome da imunodeficiência adquirida (SIDA), que apresenta atualmente uma tendência significativa para aumentar. A luta contra a malária continua a ser um dos maiores desafios da saúde pública.

O custo económico desta doença é enorme e o custo cumulativo estimado em 1997 para a luta contra a malária em África foi de 2,2 mil milhões de dólares. Uma erradicação bem sucedida pode, por conseguinte, poupar somas muito elevadas, por exemplo, uma estimativa de 20 mil milhões de dólares da erradicação da varíola.

A malária é uma das doenças parasitárias tropicais mais prevalecentes e devastadoras, causando grande sofrimento e perda de vidas no mundo atual. É uma doença comum na África tropical causada por um protozoário parasita do género *Plasmodium* transmitido na natureza através da picada de uma fêmea infetada de um mosquito anófeles chamado *Anopheles gambiae.* A prevalência da malária em todo o mundo, o seu grande impacto na saúde da população de clima quente e as suas consequências em termos de mortalidade e morbilidade tornaram-na no principal problema de saúde mundial.

Sabe-se que a malária humana contribuiu para a queda dos antigos impérios grego e romano. As tropas da Guerra Civil dos Estados Unidos e da Guerra Hispano-Americana ficaram gravemente incapacitadas pela doença. Mais de 25% de todas as admissões hospitalares durante estas guerras foram de doentes com malária. Durante a Segunda Guerra Mundial, as epidemias de malária ameaçaram gravemente as forças japonesas e aliadas no Pacífico. O mesmo se pode dizer dos conflitos militares na Coreia e no Vietname. De um modo geral, não se pode imaginar maior conquista para a biologia molecular do que o controlo da malária, uma doença que tem causado uma miséria indescritível em todo o mundo desde a antiguidade e que continua a ser uma das doenças infecciosas mais graves do mundo.

Os parasitas da malária pertencem ao subfilo *Sporozoa, subclasse-Haemosporidiae*, família-*Plasmodiidae* e *género-Plasmodium.* Existem várias espécies de *Plasmodium*, mas entre elas, apenas quatro (4) são conhecidas por causar malária com sintomas no ser humano. São elas o *Plasmodium malariae, o Plasmodium ovale, o Plasmodium vivax e o Plasmodium falciparum.*

CAPÍTULO 2

2.0 TIPOS DE PALUDISMO

A malária nos seres humanos é causada por quatro espécies de protozoários parasitas do género *Plasmodium*. São elas:

Plasmodium malariae: *O P. malariae* causa a malária quartã. Encontra-se nas regiões tropicais e subtropicais de África, na Índia e no Extremo Oriente.

***Plasmodium falciparum*:** De todas as espécies de *Plasmodium, o P. falciparum* é a mais altamente patogénica e causa a malária terciária maligna (ou quotidiana). É a forma mais grave de malária e a mais disseminada, representando até 80% da malária encontrada principalmente nas regiões mais quentes e húmidas do mundo; as regiões da África tropical e subtropical, Médio Oriente, Extremo Oriente e América do Sul.

***Plasmodium vivax*:** Esta espécie de parasita da malária humana ocorre na maior parte das regiões temperadas. É muito menos comum na África tropical, especialmente na África Ocidental. Isto deve-se ao facto de *o P. vivax* só poder infetar glóbulos vermelhos que possuam receptores de membrana de superfície relacionados com os antigénios do grupo sanguíneo Duffy (FyFy). Estes antigénios são raramente encontrados em negros, uma razão provável para a ocorrência pouco frequente de paludismo por *Plasmodium vivax* na África Ocidental. Causa malária terciária benigna e encontra-se principalmente na Índia, África do Norte e Oriental, América do Sul e Extremo Oriente.

***Plasmodium ovale*:** Provoca uma malária terçã benigna ou malária terçã ovalada semelhante à malária *vivax*. Foi descrito por Stephen em 1922, que o viu no sangue de um soldado que tinha regressado da África Oriental. Encontra-se nas regiões tropicais de África, sendo mais comum na África Ocidental.

A infeção por Plasmodium *falciparum, Plasmodium malariae e Plasmodium ovale* ocorre na maior parte da África tropical. A infeção por *Plasmodium vivax* é rara na África Ocidental e Central. Apenas três espécies, *Plasmodium falciparum, Plasmodium malariae e Plasmodium ovale,* são conhecidas na Nigéria. Este facto deve-se provavelmente ao mecanismo de invasão dos eritrócitos pelos merozoítos da malária.

A malária é holoendémica na Nigéria, sendo o *Plasmodium falciparum* a estirpe dominante. É a causa mais comum de visitas de pacientes externos a instalações de saúde e é consistentemente registada como uma das cinco principais causas de morte.

2.1 PATOGÉNESE, PATOLOGIA E ACHADOS CLÍNICOS DA INFECÇÃO POR MALÁRIA

A malária é uma doença que afecta um quarto da população mundial, com uma estimativa de 250 milhões de casos clínicos por ano. Em qualquer momento, parte da população que vive numa zona endémica está infetada com o parasita da malária, mas permanece assintomática. Apenas uma minoria desenvolve doença sintomática e ainda menos evolui para combinações das três principais manifestações de doença grave, nomeadamente, anemia, malária cerebral e dificuldade respiratória.

Os paroxismos periódicos da malária estão intimamente relacionados com acontecimentos na corrente sanguínea. Um arrepio inicial, que dura de 15 minutos a uma hora, começa quando uma geração de parasitas em divisão sincronizada rompe os glóbulos vermelhos do hospedeiro e escapa para o sangue. Nesta altura, são frequentes as náuseas, os vómitos e as dores de cabeça.

Os sintomas da doença são causados pelos merozoítos, que se reproduzem assexuadamente nos glóbulos vermelhos do hospedeiro humano. Periodicamente, todos eles se libertam das células e, quando o fazem, provocam o arrepio e a febre característicos da doença, incluindo vómitos, dores de cabeça, paroxismos, etc. Este fenómeno ocorre aproximadamente de 48 em 48 horas no caso do *P. vivax, P. ovale e P. falciparum* e de 72 em 72 horas no caso do *P. malariae.*

A fase febril seguinte, que dura várias horas, é caracterizada por um pico de febre que pode atingir 400°C ou mais. Durante esta fase, os parasitas presumivelmente invadem novos glóbulos vermelhos. A terceira fase, ou fase de sudação, conclui o episódio. A febre diminui e o doente adormece, acordando depois relativamente bem. Nas fases iniciais da infeção, os ciclos são frequentemente assíncronos e o padrão da febre é irregular; mais tarde, os paroxismos podem repetir-se a intervalos regulares de 48 ou 72 horas, embora a pirexia por *P. falciparum possa* durar 8 horas ou mais e ultrapassar os 41°C. À medida que a doença progride, surge esplenomegalia e, em menor grau, hepatomegalia. Também se desenvolve uma anemia normocítica, particularmente nas infecções por *P. falciparum*.

A malária é cerca de doze vezes mais comum em mulheres grávidas do que em mulheres não grávidas. A infeção está associada a um aumento do número de abortos espontâneos, de nados-mortos e de nascimentos de baixo peso. Em zonas de transmissão intensa, estes efeitos adversos do paludismo *falciparum* estão em grande parte confinados à primeira gravidez. Além disso, as mulheres grávidas nas regiões tropicais e subtropicais tendem a ter infecções palúdicas mais graves.

Foi relatado que, in vitro, há uma diminuição das respostas proliferativas dos linfócitos periféricos e placentários aos antigénios da malária; consistente com uma diminuição geral da imunidade celular durante a gravidez.

Os efeitos adversos da malária *falciparum* na gravidez têm sido atribuídos às consequências metabólicas da infeção, bem como aos efeitos imunossupressores do aumento da produção de corticosteróides e progesterona.

2.2 CICLO DE VIDA DO PARASITA DA MALÁRIA

Os plasmódios têm um ciclo de vida complexo que envolve várias fases do ciclo de vida e dois hospedeiros. A fase infecciosa humana compreende os esporozoitos (aproximadamente 1x7m), que são produzidos por reprodução sexual no intestino médio do mosquito Anopheles (vetor) e migram para a sua glândula salivar. Quando um mosquito *Anopheles* infetado pica um ser humano, os esporozoítos são injectados na corrente sanguínea e pensa-se que penetram nas células parenquimatosas do fígado nos 30 minutos seguintes à inoculação. Nestas células, o parasita diferencia-se num esquizonte esférico e multinucleado que pode conter 2000 a 40 000 merozoítos uninucleados. Este processo de crescimento e desenvolvimento é designado por esquizogonia exoeritrocítica. Esta fase exo-eritrocítica demora geralmente entre 5 e 21 dias, dependendo da espécie de *Plasmodium*; contudo, no *P.vivax e* no *P. ovale* a maturação dos esquizontes pode ser atrasada até 1-2 anos. Estes parasitas "quiescentes" são chamados hipnozoítos.

O ciclo de vida do parasita da malária envolve dois hospedeiros. Durante uma refeição de sangue, uma fêmea do mosquito *Anopheles* infetada com malária inocula esporozoítos no hospedeiro humano (1). Os esporozoítos infectam as células do fígado (2) e amadurecem em esquizontes (3), que se rompem e libertam merozoítos (4). (De notar que, no *P.vivax e* no *P.ovale,* uma fase dormente (hipnozoítos) pode persistir no fígado e causar recaídas ao invadir a corrente sanguínea semanas ou mesmo anos mais tarde). Após esta replicação inicial no fígado (esquizogonia exo-eritrocítica, A), os parasitas multiplicam-se assexuadamente nos eritrócitos (esquizogonia eritrocítica, B). Os merozoítos infectam os glóbulos vermelhos (5). Os trofozoítos em fase de anel amadurecem em esquizontes, que se rompem libertando merozoítos (6). Alguns parasitas diferenciam-se em estádios eritrocíticos sexuais (gametócitos) (7). Os parasitas da fase sanguínea são responsáveis pelas manifestações clínicas da doença. Os gametócitos, machos (microgametócitos) e fêmeas (macrogametócitos), são ingeridos por um mosquito Anopheles durante uma refeição de sangue (8). A multiplicação do parasita no mosquito é conhecida como ciclo esporogónico (C). Enquanto estão no estômago do mosquito, os microgametas penetram nos macrogametas, gerando zigotos (9). Os zigotos, por sua vez, tornam-se móveis e alongados (ookinetes) (10), que invadem a parede do intestino médio do mosquito, onde se desenvolvem em oocistos (11). Os oocistos crescem, rompem-se e libertam esporozoítos (12), que se dirigem para as glândulas salivares do mosquito. A inoculação dos esporozoítos num novo hospedeiro humano perpetua o ciclo de vida da malária (1). O ciclo de vida do parasita da malária é apresentado na Figura 1.

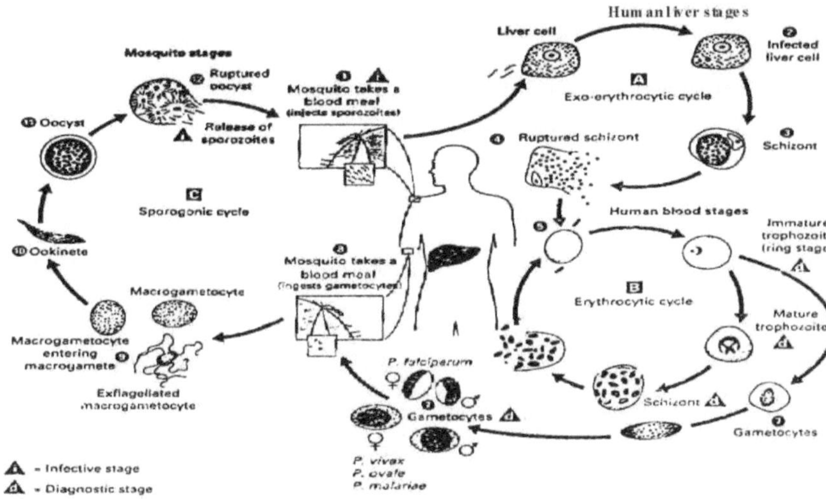

Fig. 1: Ciclo de vida do parasita da malária. Fonte: Denyer et al. (2004)

A doença clínica é causada pela fase eritrocítica do ciclo de vida do parasita; nenhuma doença está associada aos esporozoítos, à fase hepática em desenvolvimento do parasita, aos merozoítos libertados pelo fígado ou aos gametócitos.

Os sintomas comuns da malária devem-se à rutura dos eritrócitos quando os esquizontes eritrocíticos amadurecem. Esta libertação de material parasitário desencadeia uma resposta imunitária do hospedeiro, que por sua vez induz a formação de citocinas inflamatórias, intermediários reactivos de oxigénio e outros produtos celulares. Estas moléculas pró-inflamatórias desempenham um papel proeminente na patogénese e são provavelmente responsáveis pela febre, arrepios, suores, fraqueza e outros sintomas sistémicos associados à malária. Na malária por *P. falciparum*, os eritrócitos infectados aderem ao endotélio dos capilares e das vénulas pós-capilares, levando à obstrução da microcirculação e à anóxia localizada. A patogénese da anemia parece envolver a hemólise ou a fagocitose dos eritrócitos parasitados e uma eritropoiese ineficaz.

CAPÍTULO 3

3.1 IMUNIDADE/DEFESAS DO HOSPEDEIRO CONTRA A INFECÇÃO POR MALÁRIA

Em partes da África onde o paludismo é altamente endémico, as pessoas são infectadas e reinfectadas com tanta frequência que desenvolvem um certo grau de imunidade adquirida. Estes indivíduos podem tornar-se portadores assintomáticos ou com sintomas ligeiros. A população desenvolve e mantém um elevado grau de resposta imunitária e, ao mesmo tempo, existe uma presença quase permanente de um número muito pequeno de parasitas do paludismo em muitos indivíduos, sobretudo adultos.

Foi observada uma imunidade adquirida específica da estirpe que parece depender da presença de uma parasitemia de baixo nível que, de alguma forma, inibe novas infecções ou mantém a infeção a um nível não sintomático. Esta chamada premonição, ou imunidade concomitante, perde-se rapidamente depois de os parasitas desaparecerem do sangue.

Nas zonas endémicas, os bebés estão protegidos da infeção até aos 6 meses de idade, presumivelmente devido ao efeito protetor dos anticorpos maternos e ao ambiente intracelular menos favorável ao desenvolvimento do parasita. A partir daí, o padrão da doença clínica e o desenvolvimento da imunidade são, em grande medida, determinados pelo nível de transmissão da malária. Em zonas hiper-endémicas, o paludismo clínico ocorre principalmente em crianças com menos de um ano de idade, e a principal manifestação é a anemia. A taxa de doença diminui rapidamente após o primeiro ano de vida, à medida que a imunidade antimalárica é adquirida. Quando a transmissão é menos intensa ou sazonal, a exposição é insuficiente para induzir uma imunidade significativa. Consequentemente, os indivíduos de todas as idades são susceptíveis de contrair infecções graves, mas as complicações são especialmente evidentes nas crianças de um a quatro anos de idade.

A imunidade parcial natural à malária, determinada geneticamente, ocorre em algumas populações, nomeadamente em África. Por conseguinte, a suscetibilidade à infeção e à doença da malária é regulada por factores hereditários e adquiridos. Parece agora claro que o traço *falciforme* (que é a causa da anemia falciforme) se desenvolveu como um polimorfismo equilibrado para proteção contra a doença grave por *P. falciparum*. Embora os indivíduos com hemoglobina-S (anemia falciforme) ou com o traço falciforme sejam tão facilmente infectados com parasitas da malária como os indivíduos normais, raramente apresentam a doença da malária porque os seus eritrócitos têm uma baixa capacidade de ligação ao oxigénio; por conseguinte, o parasita da malária, que tem um metabolismo aeróbico muito ativo, não pode crescer e reproduzir-se nestes eritrócitos, uma vez que *o P. falciparum* se desenvolve mal nos seus eritrócitos.

Na década de 1960, foi demonstrado que a resistência ao *P. falciparum* entre os africanos ocidentais estava associada à presença de hemoglobina-S (Hb-S) nos seus eritrócitos. A Hb-S difere da hemoglobina-A normal por um único aminoácido, a valina, em cada metade da molécula de Hb. Consequentemente, estes eritrócitos responsáveis pela doença falciforme têm uma baixa capacidade de ligação ao oxigénio.

A ausência virtual de infecções por *P. vivax* em muitas áreas de África é explicada pelo facto de a maioria dos negros não possuir antigénios do grupo sanguíneo Duffy (FyFy), que aparentemente funcionam como receptores de superfície dos eritrócitos para os merozoítos de *P. vivax*; sem o antigénio Duffy, os parasitas não podem invadir os eritrócitos. *O P. ovale* substitui frequentemente *o P. vivax* nesta região.

Os parasitas da malária não se desenvolvem bem nos ovalócitos, e foi sugerido que a ovalocitose, que é bastante comum em algumas áreas maláricas, como a Nova Guiné, pode reduzir a incidência de malária. A deficiência de glicose-6-fosfato desidrogenase (G-6-PD), assim como várias outras hemoglobinopatias (incluindo as -talassemias e a hemoglobina E), também protegem contra a infeção por malária.

A imunidade adquirida também pode proteger contra a infeção por paludismo e o desenvolvimento da doença. Em zonas maláricas, tanto a prevalência como a gravidade das infecções por paludismo diminuem com a idade. No entanto, ao contrário de muitas infecções virais, as infecções múltiplas com paludismo não conferem imunidade protetora duradoura e estéril. Praticamente todos os adultos em zonas maláricas sofrem infecções repetidas de paludismo. Os indivíduos que são repetidamente expostos à malária desenvolvem anticorpos contra muitos esporozoítos, antigénios da fase hepática, da fase sanguínea e da fase sexual da malária. Pensa-se que os anticorpos que actuam contra os esporozoítos, a fase hepática e os organismos da fase sanguínea são responsáveis pela diminuição da suscetibilidade à infeção e à doença por paludismo observada em adultos em zonas maléficas, e que os anticorpos contra as fases sexuais dos plasmódios podem reduzir a transmissão do paludismo.

Trabalhos adicionais também sugerem que a imunidade naturalmente adquirida inclui a libertação de citocinas que actuam contra todas as fases do parasita, e também uma resposta de células T citotóxicas dirigida às fases hepáticas do parasita. A imunidade adquirida mediada por anticorpos é aparentemente transferida da mãe para o feto através da placenta. Esta imunidade transferida passivamente perde-se no prazo de 6 a 9 meses, tal como a imunidade dos adultos quando deixam uma zona malária e deixam de estar expostos aos plasmódios. As mulheres grávidas, especialmente as primigestas, são mais susceptíveis a infecções por paludismo e a doenças graves.

A imunidade à malária desenvolve-se por fases e, nas zonas endémicas, as crianças que sobrevivem aos primeiros ataques tornam-se resistentes à doença grave por volta dos 5 anos. Os níveis de parasitas diminuem progressivamente até à idade adulta, altura em que são baixos ou inexistentes na maior parte do tempo. No entanto, um ano de ausência de exposição é suficiente para que a maior parte desta imunidade se desvaneça, ou seja, é necessário um reforço repetido para a manter. Os mecanismos actuais parecem envolver tanto a imunidade mediada por anticorpos como a imunidade mediada por células, conforme apresentado no Quadro 1.

QUADRO 1: IMUNIDADE À MALÁRIA

Estágio	Mecanismo
Esporozoítos	Anticorpo

Estado do fígado	Células T citotóxicas, TNF, IFN -*a,* IL-1
Merozoítos	Anticorpo
Fase eritrocitária assexuada	Anticorpo, ROI, RNI, ECP, TNF
Gametócitos	Anticorpo,? Citocinas
Gametas	Anticorpo

Fonte: Mims *et al·* (2005)

Os principais mecanismos que se pensa serem responsáveis pela imunidade em cada fase do ciclo. (IFN, interferão; IL, interleucina; TNF, fator de necrose tumoral; ROI, intermediários reactivos de oxigénio; RNI, intermediários reactivos de azoto; ECP, proteínas catiónicas de eosinófilos). A defesa do hospedeiro contra a malária é apresentada na Figura 2.

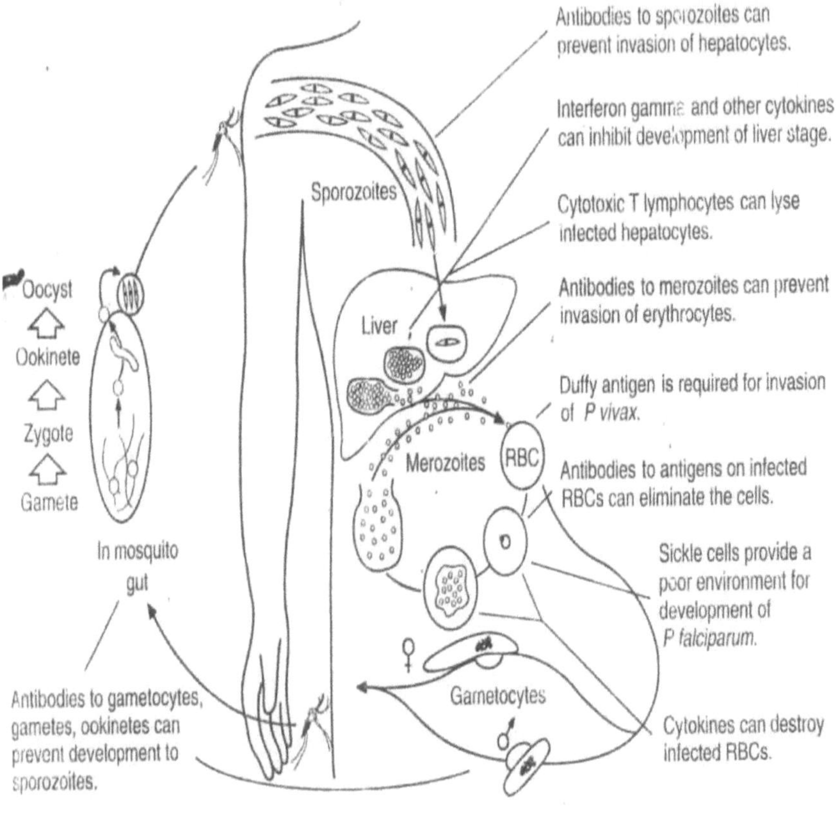

Figura 2: Defesa do hospedeiro contra a malária Fonte: Baron (1996)

CAPÍTULO 4

4.0 EPIDEMIOLOGIA

Atualmente, o paludismo limita-se geralmente às regiões tropicais e subtropicais, embora os surtos na Turquia atestem a capacidade desta doença de reaparecer em zonas livres do agente. O paludismo nas zonas temperadas é relativamente pouco frequente, embora possam ocorrer surtos epidémicos graves quando as populações destas zonas, na sua maioria não imunes, são expostas; é geralmente instável e relativamente fácil de controlar ou erradicar. O paludismo tropical é geralmente mais estável, difícil de controlar e muito mais difícil de erradicar. Nos trópicos, o paludismo desaparece geralmente a altitudes superiores a 6000 pés. *P. vivax e P. falciparum*, as espécies mais comuns, encontram-se em toda a cintura da malária. *O P. malariae* também está amplamente distribuído, mas é consideravelmente menos comum. *A P. ovale* é rara, exceto na África Ocidental, onde parece substituir a *P. vivax*.

Todas as formas de paludismo podem ser transmitidas por via transplacentária ou por transfusão de sangue ou por agulhas (seringas) partilhadas entre toxicodependentes quando um deles está infetado. A malária contraída desta forma é mais fácil de tratar, uma vez que envolve apenas os glóbulos vermelhos e não o fígado ou não desenvolve uma infeção hepática ou exoeritrocítica. Assim, não ocorre uma recaída; apenas os esporozoítos dos mosquitos podem infetar o fígado. A infeção natural (para além da transmissão transplacentária) ocorre apenas através da picada de uma fêmea infetada de um mosquito anófeles chamado *Anopheles gambiae*; o mosquito que transmite mais eficazmente este parasita aos seres humanos em África. Uma vez que os vectores adequados são abundantes na América do Norte, existe o potencial de propagação da malária sempre que esta é introduzida. Os mosquitos e os seres humanos infectados constituem o reservatório da malária.

A transfusão de sangue parasitado como fonte de infeção por malária foi confirmada por Arafa em 1992, quando dois doentes sauditas submetidos a cirurgia cardíaca desenvolveram febre após terem tido alta do hospital. Ambos receberam transfusão de sangue durante a operação. Verificou-se que a causa da febre eram parasitas da malária adquiridos a partir do sangue transfundido.

A doença continua a ser largamente transmitida nas regiões tropicais e subtropicais. Nestas zonas, a transmissão do paludismo pode ser endémica, ocorrendo previsivelmente todos os anos, ou epidémica, ocorrendo esporadicamente quando as condições são adequadas. A transmissão endémica do paludismo pode ser durante todo o ano ou sazonal. Em algumas zonas da África, 90 a 100% das crianças com menos de 5 anos de idade têm parasitas do paludismo a circular no sangue durante todo o tempo. Dado que a imunidade adquirida naturalmente se desenvolve com o aumento da exposição, nas zonas endémicas, o paludismo encontra-se principalmente nas crianças. Por outro lado, nas zonas epidémicas, a imunidade naturalmente adquirida diminui entre as epidemias, pelo que o paludismo afecta todos os grupos etários durante as epidemias.

Todos os anos, nos Estados Unidos, são notificados cerca de 1000 casos de paludismo em viajantes que regressam. Dos 1016 casos importados notificados em 1991, a maioria foi adquirida em África (466 casos) e na Índia (221 casos). *O P. vivax* foi responsável por 43% dos casos e *o P. falciparum* por 39%. O risco para os viajantes de contrair *P. falciparum* é maior em África. Isto deve-se ao facto de ser a espécie mais prevalente nessa região. A transmissão da malária é muito mais intensa em África do que noutras partes do mundo e existe um risco significativo nas zonas urbanas. Os mosquitos *Anopheles* capazes de transmitir o paludismo encontram-se em várias zonas dos Estados Unidos. A transmissão local pode, portanto, ocorrer quando estes mosquitos se alimentam de indivíduos infectados com malária, geralmente imigrantes de zonas onde a malária é endémica. A transmissão local ocorreu no Sul da Califórnia, em Nova Jérsia, na cidade de Nova Iorque e em Houston, no Texas. A malária também pode ocorrer quando os mosquitos infectados são transportados para zonas não endémicas, por exemplo, em aviões ou navios.

A grande descoberta epidemiológica ocorreu em 1880, quando o cirurgião do exército francês Charles Louis Alphonse Laveran observou gametócitos em sangue fresco. Cinco anos mais tarde, o histologista italiano Camillo Golgi observou a multiplicação das formas assexuadas do sangue. No final da década de 1890, Patrick Manson postulou que a malária era transmitida por mosquitos. Sir

Ronald Ross, um cirurgião do exército britânico no Serviço Médico Indiano, observou posteriormente o desenvolvimento de plasmódios no intestino dos mosquitos, apoiando a teoria de Manson. Utilizando aves como modelos experimentais, Ross estabeleceu definitivamente as principais características do ciclo de vida do *Plasmodium* e recebeu o Prémio Nobel em 1902.

CAPÍTULO 5

5.0 QUIMIOTERAPIA DA MALÁRIA

A malária resistente aos medicamentos é comum, com cerca de 19,5 milhões de infecções em 1998. As crianças com menos de 5 anos são as que correm maior risco. Enquanto em 1999 se registaram 475 000 mortes neste grupo etário no mundo desenvolvido, no mundo em desenvolvimento registaram-se mais de 12 milhões de mortes, 60% das quais devidas a infecções.

No século XX, foram envidados esforços para compreender a bioquímica e a fisiologia da malária, controlar o mosquito vetor e desenvolver medicamentos antimaláricos.

Geralmente, a luta contra a malária é orientada para as fases do ciclo de vida do parasita da malária; por isso, existem quatro classes de medicamentos com o nome de cada uma das quatro fases. São elas:

Os esquizonticidas primários para tecidos

Trata-se de medicamentos como a paludrina e a pirimetamina-sulfadoxina (fansidar), que bloqueiam a primeira fase de multiplicação (esquizogonia pré-exoeritrocítica) no fígado.

Os esquizonticidas de tecidos secundários

Trata-se de medicamentos anti-recidiva, como a primaquina, que actuam para impedir a produção de merozoítos hepáticos de segunda geração.

Os esquizonticidas sanguíneos

Trata-se de medicamentos antipalúdicos que impedem a multiplicação dos merozoítos hepáticos de primeira geração nas células sanguíneas e podem também matá-los. Exemplos de tais medicamentos são a cloroquina, a quinicrina, etc.

Os Gametocidas (Medicamentos Gametocitocidas)

São medicamentos que matam os gametócitos no sangue. Exemplos de tais medicamentos são a primaquina e a pirimetamina-sulfadoxina (fansidar).

Os medicamentos atualmente utilizados para a quimioprofilaxia são a cloroquina, o proguanil (Paludrine), a mefloquina (Lariam), o artesunato (Artequin), a amodiaquina e a doxiciclina. Na fronteira entre a Tailândia e a Birmânia, a doxiciclina de 100 mg tem sido utilizada com êxito contra a malária *falciparum* em crianças adolescentes em idade escolar. A tetraciclina, um esquizonticida sanguíneo lento, também pode ser utilizada com o quinino no tratamento da malária *falciparum* resistente aos medicamentos. A tetraciclina não deve ser administrada a crianças com menos de nove anos de idade nem a mulheres grávidas devido à coloração de dentes e ossos imaturos. As mulheres adultas não devem ser tratadas com doxiciclina durante longos períodos de tempo para não desenvolverem *vaginite por Candida*. O tratamento da malária aguda é apresentado na Figura 3.

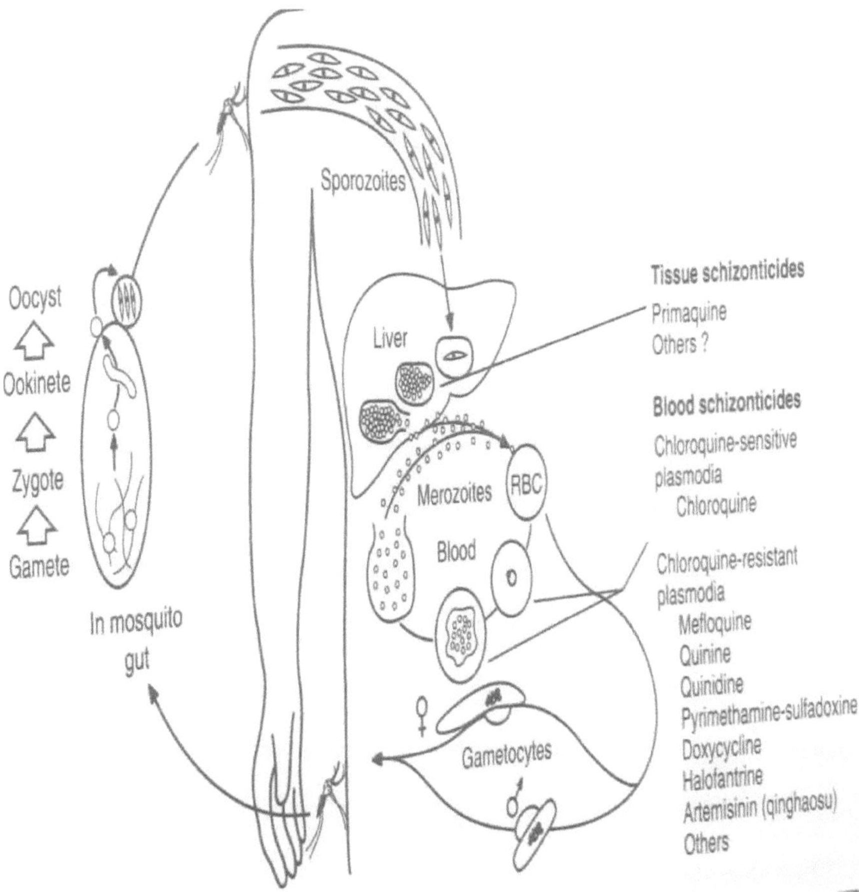

Figura 3: Tratamento do paludismo agudo Fonte: Baron (1996)

Num futuro próximo, os seguintes medicamentos poderão ser utilizados para a profilaxia. São eles: WR 238605, WR 250417, Atovaquone, Halofantrina (Halfan) e Azitromicina. Foi relatado que a primaquina analoque (WR238605) - uma primaquina do exército dos EUA - foi mais potente e menos tóxica do que a primaquina quando testada no modelo de macaco *P. cynomolgi* rhesus (*Macaca mulatta*).

Outro medicamento, o WR 250417, é uma nova biguanida relacionada com o proguanil. É um pró-fármaco de um composto anterior, o WR 99210, e é extremamente ativo contra *o Plasmodium falciparum* resistente a múltiplos medicamentos. Atualmente, já não é administrado porque causa uma intolerância gastrointestinal significativa.

Existe também a Atovaquona, originalmente designada por BW 566C80. Trata-se de uma hidroxinaftoquinona que bloqueia a cadeia de transporte de electrões da respiração mitocondrial. A halofantrina também tem sido utilizada com êxito no tratamento da malária, embora não tenha qualquer papel na profilaxia. A sua biodisponibilidade variável sugere que a sua utilização profiláctica exigirá uma formulação nova e mais bem absorvida.

Outra variante da prevenção da malária que tem sido experimentada é o tratamento pós-exposição com halofantrina. Este tratamento tem sido administrado a pessoas que foram fortemente expostas à malária, mas que não apresentaram sintomas. Esta utilização especializada da halofantrina para tratamento foi considerada bem sucedida em soldados franceses que regressavam de África e em mineiros de cobre da Papua Nova Guiné.

Em 1994, Kuschner e colaboradores comunicaram a Azitromicina como um novo agente antimicrobiano da classe das azalidas, que está relacionado com os antibióticos macrólidos como a eritromicina. A azitromicina é conhecida pela sua atividade antimalárica e pelo seu perfil farmacocinético favorável, o que sugere que pode ser um agente quimioprofilático útil.

Um derivado mais recente, a tafenoquina ou primaquina, é geralmente eficaz contra o estádio exoeritrocítico e os gametócitos de *P. falciparum.* As estirpes de P. falciparum resistentes à cloroquina

O P. falciparum é atualmente comum em muitas partes do mundo, tendo surgido estirpes resistentes de *P. vivax* em algumas zonas. Novos medicamentos promissores, como uma combinação de atovaquona e proguanil, podem ajudar a resolver este problema. Alguns doentes infectados com estirpes resistentes à cloroquina respondem à administração intravenosa de quinina ou quinidina juntamente com um medicamento oral, como a tetraciclina ou um medicamento à base de sulfa.

O quinino continua a ser o medicamento de eleição para a malária potencialmente fatal. As complicações do tratamento com quinino incluem hemólise intravascular maciça (febre da água negra). Outros medicamentos importantes são a cloroquina (à qual *o P. falciparum* é cada vez mais resistente) e o medicamento chinês quinghaosu (artemisina) com primaquina para prevenir recaídas.

5.1 REMÉDIO HERBAL

Os remédios à base de plantas para a malária são importantes tendo em conta a resistência dos parasitas aos medicamentos existentes. As plantas são a principal fonte da maioria dos medicamentos contra uma variedade de doenças. O quinino, o antimalárico original, incluindo mais de 35 outros alcalóides, é derivado da casca da *Cinchona ledgeriana*, uma planta indígena peruana. A casca da árvore quinaquina (*cinchona*) da América do Sul era utilizada para tratar as febres intermitentes, embora só em meados do século XIX o quinino tenha sido identificado como o alcaloide ativo. O extrato de *Azadirachta indica* (neem) é utilizado no tratamento da malária e de outras doenças febris. Contém nimbolídeos, gedunina, quereetina, rutina, etc. como componentes bioactivos. A artemisinina, uma lactona sesquiterpénica, é derivada da planta antipirética chinesa *Artemisia annua L.* e produz a resolução mais rápida da febre e da parasitemia. Por conseguinte, é atualmente o medicamento de escolha, quer isoladamente, quer em terapia combinada com outros antipalúdicos. A prevalecente resistividade do parasita à cloroquina e a outros medicamentos comuns, a presença de elevada morbilidade e mortalidade atribuíveis à malária e a ausência de vacinas relevantes exigem a investigação de espécies vegetais locais para novos farmacóforos alternativos.

Outros compostos puros de origem vegetal com atividade antimalárica incluem a *corialstonina* e *a corialstonidina*, alcalóides indólicos isolados de *Alstonia coriaceae, a cripotolepina* de *Criptolepis sanguinolenta, a ancistrocladina, a dioncopeltina A* e *a dioncopeltina C* de espécies de *Ancistrocladaceae* e *Dioncophyllaceae*. Um alcaloide bisbenzilsoquinalina isolado de *Triclisia patens* demonstrou ter um rácio de citotoxicidade antimalárica para células de mamíferos equivalente ao da cloroquina.

Os alcalóides de isoquinolina, como a *berberina,* têm atividade antimalárica e anti-amoébica. *A atafilinina* é um alcaloide acridona da família *Rutaceae* com atividade contra o *Plasmodium berghei* em ratos. Diversos limonóides, como a gedunina, o nimbolide e a rutina, com atividade antiplasmódica, foram isolados da árvore de neem e de outros membros da família *Meliaceae.*

Outros compostos, incluindo o gossipol, um composto polifenólico do óleo de sementes de algodão, demonstraram ser activos contra o *Plasmodium falciparum, o Trypanosoma Cruzi* e a *Entamoeba histolytica.*

CAPÍTULO 6

6.0 ABORDAGENS ACTUAIS DE CONTROLO E PREVENÇÃO DA MALÁRIA

O controlo da malária depende da eliminação dos locais de reprodução dos mosquitos, da proteção pessoal contra os mosquitos (mosquiteiros, redes tratadas com piretrina, repelentes), da terapia medicamentosa supressiva para as pessoas expostas e do tratamento adequado dos casos e dos portadores. A erradicação exige a prevenção do contacto por picada entre os mosquitos Anopheles e os seres humanos durante o tempo suficiente para impedir a transmissão, com a eliminação de todos os casos activos por tratamento e por cura espontânea.

Os mosquiteiros impregnados com insecticidas piretróides têm uma vantagem em relação aos mosquiteiros simples, na medida em que, na presença de um buraco ou de uma utilização algo defeituosa, os mosquitos não têm acesso ou morrem se o fizerem, ao mesmo tempo que a quantidade de inseticida necessária é muito inferior à pulverização residual das casas. Além disso, o mosquiteiro impregnado actua como uma armadilha iscada durante a noite, uma vez que os mosquitos são atraídos para o mosquiteiro pelo dióxido de carbono das pessoas adormecidas e podem então ingerir uma dose letal de inseticida. Em ensaios controlados em zonas altamente endémicas, verificou-se que a utilização de mosquiteiros impregnados reduzia substancialmente a morbilidade e os ataques clínicos devidos à malária, embora tivesse um efeito muito menor na prevalência da parasitemia. Este padrão foi encontrado em várias regiões da África. Mesmo na zona florestal da África Ocidental com transmissão perene de alto nível, a frequência de ataques clínicos de paludismo em crianças pequenas foi reduzida em 50% quando se utilizaram redes de cama impregnadas. Foi levado a cabo um programa nacional na Gâmbia e o método está a ser amplamente aplicado na sequência de ensaios bem sucedidos em vários países da Ásia, África e Oceânia.

Os mosquitos anófeles responsáveis pela malária são normalmente mais activos ao início da tarde e durante a noite. A prevenção da malária é possível quando o local de dormir está protegido contra os mosquitos. Numa casa tropical, os mosquiteiros são um bom complemento quando os ecrãs não são viáveis. Os erros mais comuns associados aos mosquiteiros incluem não remendar os buracos e deixar o corpo tocar no mosquiteiro enquanto se dorme. O facto de se fecharem bem os bordos inferiores dos mosquiteiros também é importante, pois protege a pessoa que dorme dos mosquitos.

O tratamento inseticida dos mosquiteiros é a forma mais eficaz de prevenir os mosquitos. Os mosquiteiros são embebidos numa solução de permetrina de poucos em poucos meses. Para garantir o controlo, a água estagnada no ambiente circundante, incluindo a que se encontra em contentores, fossas e pântanos, não deve ser encontrada muito perto dos alojamentos, uma vez que são verdadeiros locais de reprodução de mosquitos. Acima de tudo, deve ser mantido um ambiente limpo.

A maioria dos casos de malária nos americanos pode ser prevenida através de quimioprofilaxia e evitando o mosquito vetor. A profilaxia com cloroquina ou mefloquina deve ser iniciada 2 semanas antes da entrada na zona de paludismo (para garantir a tolerância ao medicamento e proporcionar níveis sanguíneos adequados) e deve continuar durante toda a estadia na zona e durante 4 semanas após a saída. A doxiciclina deve ser iniciada 1 a 2 dias antes da viagem para uma zona malária e deve continuar durante toda a estadia na zona e durante 4 semanas após a partida. A cloroquina é o quimioprofilático recomendado para as pessoas que viajam para zonas onde os plasmódios ainda são sensíveis à cloroquina (México, América Central, Haiti, República Dominicana e Médio Oriente) e também foi aconselhado que, depois de deixarem as zonas maláricas, as pessoas tomem primaquina para eliminar uma possível infeção exoeritrocítica, que, se não for tratada, pode causar a recorrência da doença. As estratégias de prevenção do paludismo são apresentadas na Figura 4.

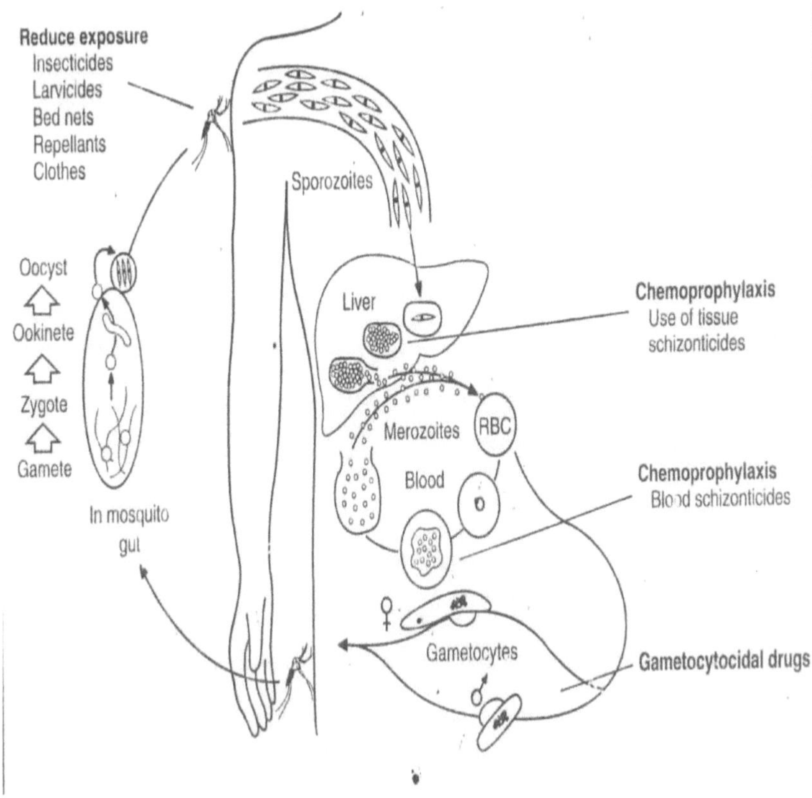

Fig. 4: Estratégias de prevenção do paludismo Fonte: Baron (1996)

6.1 ACTUAIS PROGRAMAS E INICIATIVAS MUNDIAIS ORIENTADOS PARA A ERRADICAÇÃO DA MALÁRIA

Infelizmente, é provável que o problema da malária se agrave se não se conseguir um controlo eficaz a curto prazo. A população mundial é de cerca de 6 mil milhões de pessoas, com 250 novos nascimentos a ocorrerem a cada minuto. Além disso, vários modelos informáticos prevêem um aquecimento significativo do clima, o que resultará num aumento das áreas onde a malária é suscetível de ocorrer. A combinação do aumento da população, da expansão das zonas onde o paludismo pode ser facilmente transmitido e do desenvolvimento de plasmódios resistentes aos medicamentos e de mosquitos resistentes aos insecticidas sublinha a necessidade de um programa de controlo eficaz.

Em 1998, foi lançada uma nova iniciativa denominada Fazer Recuar a Malária, que associa a Organização Mundial de Saúde (OMS), o Fundo das Nações Unidas para a Infância (UNICEF), o Programa das Nações Unidas para o Desenvolvimento (PNUD) e o Banco Mundial na luta contra a malária. O seu objetivo é reduzir para metade as mortes por malária até 2010 e reduzir novamente para metade até 2015. O objetivo inicial consiste em fazer um levantamento pormenorizado das zonas de paludismo, utilizando imagens de satélite e informações sobre o clima, e em documentar o nível de tratamento e prevenção da malária ao nível das aldeias. O objetivo é organizar e financiar um esforço sustentado para melhorar o acesso aos cuidados médicos, reforçar as instalações de saúde locais e promover a distribuição de medicamentos e de redes mosquiteiras impregnadas de inseticida. Para além da iniciativa Fazer Recuar a Malária, outras iniciativas em curso destinam-se a estimular o desenvolvimento de novos medicamentos antimaláricos e a financiar melhor a investigação de vacinas e outros medicamentos. Em contraste com as iniciativas do passado, existe agora uma melhor compreensão de que o controlo da malária deve fazer parte do desenvolvimento económico global, uma vez que é difícil avançar um sem o outro.

CAPÍTULO 7

7.0 PERSPECTIVAS DE UMA VACINA EFICAZ CONTRA A MALÁRIA

A procura de uma vacina contra a malária começou em 1950. Após o fracasso dispendioso e desmoralizador dos programas de erradicação da malária que utilizavam o diclorodifeniltricloroetano $(ClC_6H_4)_2CH(CCl_3)$ (D.D.T) na década de 1950, ninguém sentiu mais a necessidade de uma vacina do que a Organização Mundial de Saúde (OMS), mas atualmente a procura de uma vacina contra a malária atingiu uma fase empolgante.

Em 1955, a Organização Mundial de Saúde iniciou um programa mundial de erradicação da malária que acabou por fracassar em 1976. Entre as principais razões para o fracasso contam-se o desenvolvimento de resistência ao DDT por parte dos mosquitos vectores e o desenvolvimento de resistência à cloroquina por parte de estirpes de *Plasmodium.* Os cientistas estão a explorar novas abordagens, como o desenvolvimento de vacinas e de medicamentos mais potentes. Por exemplo, em 1984, o gene que codifica o antigénio dos esporozoítos foi clonado, permitindo que o antigénio fosse produzido em massa através de técnicas de engenharia genética. Em 2002, foram determinadas as sequências completas do ADN do *P. falciparum* e do *Anopheles gambiae* (o mosquito que mais eficazmente transmite este parasita aos seres humanos em África). Juntamente com a sequência do genoma humano, os investigadores têm agora em mãos as plantas genéticas do parasita, do seu vetor e da sua vítima. Isto tornou possível uma abordagem holística para compreender a forma como o parasita interage com o hospedeiro humano, conduzindo a novas estratégias antimaláricas, incluindo a conceção de vacinas.

Em 1971, David Clyde, da Faculdade de Medicina da Universidade de Maryland, em Baltimore, EUA, repetiu em seres humanos, incluindo ele próprio, uma técnica experimental que utilizava parasitas atenuados da malária, previamente realizada em galinhas e ratos. A técnica era uma tentativa de imunização utilizando parasitas da malária enfraquecidos ou atenuados que tinham sido irradiados no hospedeiro mosquito antes de os insectos serem autorizados a picar. Uma vez na corrente sanguínea dos seres humanos, os parasitas eram incapazes de continuar o seu ciclo de vida e, por isso, não podiam causar doenças.

Resultados anteriores em aves e ratos mostram que estes desenvolvem imunidade à malária após exposição repetida aos esporozoítos irradiados. Para descobrir se os seres humanos poderiam desenvolver a mesma imunidade, Clyde, em 1971, utilizou parasitas atenuados da malária, anteriormente realizados em galinhas e ratos, e descobriu que os seres humanos podiam desenvolver imunidade aos esporozoítos naturais da malária após exposição repetida a esporozoítos irradiados.

7.1 PRÁTICA ACTUAL DE VACINAÇÃO, ESTRATÉGIA DE VACINAÇÃO E DESENVOLVIMENTO DE VACINAS PARA A INFECÇÃO PELA MALÁRIA

Obviamente, o desenvolvimento de vacinas é a área de maior interesse na aplicação da tecnologia do ADN recombinante ao controlo dos parasitas da malária. As fases do ciclo de vida do parasita da malária, que são alvos potenciais da vacina contra o parasita da malária, são apresentadas na Tabela 2.

QUADRO 2: ESTRATÉGIAS DE VACINAÇÃO CONTRA A MALÁRIA

Estágio	Estratégia da vacina
Esporozoítos	Vacina contra esporozoítos para induzir anticorpos de bloqueio, já testada no terreno em seres humanos. O anticorpo produzido em resposta a estas vacinas pode bloquear a fixação do esporozoíto.
Estágio do fígado	Vacina contra esporozoítos para induzir imunidade mediada por células na fase hepática, já testada em humanos O desenvolvimento subsequente do esporozoíto nos hepatócitos será bloqueado.
Merozoítos	Vacina contra o antigénio do merozoíto para induzir anticorpos

	inibidores da invasão. O anticorpo produzido pela vacinação contra o antigénio do merozoíto pode bloquear a invasão do glóbulo vermelho.
Fase eritrocitária assexuada.	Vacina contra a fase assexuada (antigénio) para induzir outras respostas à fase de glóbulos vermelhos e contra produtos tóxicos (vacina anti-doença)
Gametócitos e gâmetas	Vacinas para interromper as fases sexuais - vacina de bloqueio da transmissão. Os anticorpos bloqueadores da transmissão, ligados aos gametócitos, podem interferir com a reprodução sexual no inseto vetor, impedindo a produção de novos esporozoítos infecciosos e terminando o ciclo de vida.

Fonte: Mims et al. (2005)

Para produzir uma vacina eficaz contra a malária, pode ser utilizada a técnica do ADN recombinante, também conhecida como "gene splicing". Trata-se de um procedimento através do qual um segmento de material genético de um organismo é transferido para outro. Também pode ser utilizada para integrar um ADN ou parte dele noutro ADN que transporta o ADN estranho. Utilizando as técnicas de ADN recombinante para produzir uma vacina potente, identifica-se o antigénio do parasita, especialmente o epítopo imunodominante que estimula especificamente a resposta imunitária protetora das células B e das células T e clona os seus genes.

Várias vacinas estão atualmente a ser avaliadas em ensaios clínicos. Destaca-se a SPf66, uma vacina sintética de tripeptídeos que contém peptídeos dos estádios sanguíneo e esporozoítico do organismo, desenvolvida por Patarroyo e colegas, que foi testada na Colômbia e se revelou parcialmente eficaz (<50%). Embora os resultados iniciais fossem promissores, ensaios clínicos subsequentes relataram eficácias protectoras de apenas cerca de 30% contra os primeiros episódios clínicos de *P. falciparum.*

Uma vacina profiláctica completa teria de ser ativa tanto contra os esporozoítos como contra os merozoítos da espécie-alvo, com um efeito antigametocítico para travar a transmissão.

Há muitos anos que os cientistas estão a tentar aperfeiçoar uma vacina contra a malária. O primeiro grande avanço foi registado em 1976 no laboratório do Dr. William Trager na Universidade Rockefeller, EUA. Trager descreveu um método para o cultivo contínuo *in vitro* de *P. falciparum*, permitindo a produção de antigénios de diferentes fases do ciclo de vida do organismo. Mais tarde, outros cientistas, utilizando técnicas de engenharia genética, clonaram os genes responsáveis por estes antigénios e identificaram quais os antigénios que eram potenciais candidatos a vacinas.

7.2 PROGRESSOS ACTUAIS EM MATÉRIA DE VACINAS CONTRA A MALÁRIA E VIA A SEGUIR PARA O DESENVOLVIMENTO DE VACINAS

Atualmente, estão em curso ensaios em seres humanos com várias vacinas de ADN diferentes contra a malária. A vacina de ADN é uma vacina genética mais complicada que tem vindo a surgir nos últimos anos. Uma vacina de ADN provoca uma imunidade protetora contra um agente patogénico microbiano através da ativação dos sistemas imunitários humoral e celular. Também são geradas células de memória de longa duração.

A surpreendente descoberta de que a injeção intramuscular do próprio ADN microbiano, com um promotor adequado, pode imunizar animais de laboratório contra infecções como a malária, suscitou grande interesse. Pensa-se que o antigénio correspondente é expresso e apresentado nas células musculares. As vacinas de ADN tendem a promover a imunidade mediada por células, mas foram encontradas condições para incentivar a produção de anticorpos.

As vacinas de ADN estão a ser aclamadas como as mais promissoras de todas as novas abordagens à imunização. As duas vacinas mais promissoras contra a malária atualmente em desenvolvimento são uma versão de ADN recombinante dos antigénios de superfície dos esporozoítos e outra que contém o ADN do parasita. As vacinas baseadas no ADN são segmentos de ADN nu de organismos infecciosos que podem ser introduzidos diretamente no tecido muscular. O tecido hospedeiro expressa efetivamente o ADN durante um curto período de tempo, produzindo os antigénios microbianos codificados pelo ADN, o que induz uma resposta imunitária.

Estão atualmente a ser desenvolvidas várias vacinas diferentes, incluindo vacinas de proteínas recombinantes e uma vacina de ADN nu com 15 genes. Os novos tipos de vacinas que estão a ser estudados ativamente incluem também vacinas de péptidos, vacinas comestíveis e vacinas baseadas no ADN. Uma vez que nenhuma destas vacinas se baseia em células inteiras, os procedimentos eliminam a possibilidade de infeção com o agente imunizante, no entanto, algumas destas vacinas são fracamente imunogénicas. As vacinas de péptidos são compostas por péptidos antigénicos essenciais de organismos causadores de doenças. São estáveis ao calor e não contêm materiais estranhos que possam causar reacções indesejadas ou efeitos secundários.

Em 2005, foi comunicada a existência de uma vacina credível contra a malária. Os dados dos ensaios clínicos mostraram que a Mosquirix proporcionava uma proteção parcial contra a malária durante 18 a 21 meses, em crianças de 1 a 4 anos de idade. A vacina reduziu o número de casos de malária em 29% e o número de infecções graves por malária em 50%. Até que uma vacina eficaz seja aprovada para utilização, a melhor forma de prevenir a malária continua a ser a utilização de redes mosquiteiras e insecticidas.

Recentemente, com a clonagem de um gene que codifica a proteína de superfície do esporozoíto de *P. falciparum,* existe a esperança de desenvolver uma vacina. No hospedeiro humano, o parasita da malária passa por várias fases antigenicamente distintas, nomeadamente: **(i) esporozoíto:** a forma sob a qual o parasita é injetado com a picada do mosquito; os esporozoítos entram no fígado, multiplicam-se e desenvolvem-se em **(ii) merozoítos,** que, por sua vez, invadem e se multiplicam nos glóbulos vermelhos; uma pequena fração destes merozoítos nos glóbulos vermelhos forma **(iii) gametócitos,** que podem ser apanhados por um mosquito para iniciar outro ciclo. Por conseguinte, podem ser desenvolvidas vacinas para controlar qualquer uma destas fases, que serão designadas por: **i) vacina antiesporozoíta,** que impedirá a malária no indivíduo vacinado e também bloqueará a sua propagação; **ii) vacina antimerozoíta**, que protegerá ou melhorará o doente, mas não impedirá a propagação da doença; e **iii) vacina antigametócitos,** que impedirá a propagação sem ajudar o doente. Destas, a vacina antiesporozoíta está à vista devido à clonagem do gene destinado à **proteína do circumsporozoíto (CS).** Este gene foi obtido diretamente a partir do ADN da forma eritrocítica do parasita, e não como ADNc a partir do ARNm. Este gene clonado pode, com o tempo, levar à síntese de uma vacina através da síntese da proteína CS pelo gene clonado.

As vacinas do futuro podem utilizar meios totalmente novos de administração do antigénio. Nas vacinas de plantas comestíveis, uma nova abordagem à vacinação consiste em expressar os genes para antigénios bacterianos ou virais em tecidos de plantas comestíveis. As vacinas comestíveis também são criadas através da transferência de genes que codificam antigénios-chave de agentes infecciosos para as plantas. Esta poderia ser uma forma muito mais barata de produzir vacinas do que os métodos existentes de fermentação ou cultura de células, uma vez que a planta transgénica produzirá o antigénio da vacina à medida que cresce. A planta também fornecerá a vacina, uma vez que a pessoa vacinada só tem de comer uma parte da planta transgénica para ficar imunizada. Batatas, tomates e plantas de tabaco têm sido utilizados em experiências para produzir vacinas comestíveis, com resultados promissores. Talvez um dia comer uma banana transgénica nos proteja contra uma bateria de agentes patogénicos humanos, uma vez que a planta pode ser modificada para exprimir múltiplos genes.

CONCLUSÃO E PERSPECTIVA

A malária representa, de longe, a doença parasitária mais importante do homem. A Organização Mundial de Saúde calculou que 5% da população mundial é infetada anualmente. A malária continua a ser um flagelo como sempre foi, ameaçando principalmente cerca de dois mil milhões de pessoas que vivem em zonas endémicas e também os viajantes.

O problema atual e muito importante da quimioprofilaxia não é a resistência aos medicamentos, mas o cumprimento dos regimes de medicamentos. A expetativa de novos meios de prevenção, como as vacinas contra a malária, que substituirão a necessidade de quimioprofilaxia num futuro próximo, ainda é incerta.

O insucesso da eliminação dos vectores no controlo da malária e o aparecimento de parasitas resistentes aos medicamentos realçam a necessidade de uma vacina eficaz contra a malária. Enquanto o mundo aguarda o desenvolvimento de uma vacina eficaz contra a malária, as medidas preventivas e de controlo devem depender da eliminação dos locais de reprodução dos mosquitos, da proteção pessoal contra os mosquitos através da utilização de redes mosquiteiras impregnadas de insecticidas, de repelentes de mosquitos, da terapia medicamentosa supressiva para as pessoas expostas e do tratamento adequado dos casos e dos portadores, uma vez que estão em curso esforços para desenvolver uma vacina eficaz contra a malária.

Com a investigação mundial possibilitada pela tecnologia do ADN recombinante, a biotecnologia e a engenharia genética na procura de uma vacina e de um medicamento eficazes contra a malária, espera-se que a ameaça da malária, especialmente na África tropical, passe à história num futuro próximo.

REFERÊNCIAS

Adelberg, E. A., Melnick, J. L., Jawetz, E., Ornston, L. N., Butel, J. S. e Brooks, G. F. (1995). *Medical Microbiology,* 20th Edition. Appleton and Lange Publishers, U.S.A., pp. 573-578.

Adomeh, D. I . (1998). Epidemiologia, patogénese, prevenção e controlo da malária. A review. *Jornal de Ciências Laboratoriais Médicas* 7:1-6.

Alaribe, A. A. A. (1994). O diagnóstico laboratorial da malária. Uma revisão. *Jornal de Ciências do Laboratório Médico* 4:1-4.

Alcamo, I.E. (2004). *Microbiology*, Tata McGraw-Hill Publishers, New Delhi, Indin, pp. 338-339.

Alonso, P. L., Lindsay, S. W. e Armstrong, J. R. M. (1991). The effect of insecticide- treated bed nets on mortality of Gambian children. *Lancet* 337: 1499-1502.

Arafa, A. S. (1992). Transfusão pós-operatória por malária. *Bibliografia Trimestral das Principais Doenças Tropicais* 15(4): 1-4.

Baron, S. (1996). *Microbiologia Médica*, 4[a] Edição. University of Texas Medical Branch (UTMB) Publishers, Texas, pp. 995-1008.

Baudon, D., Bernard, J. e Martet, G. (1990). Halofantrine to prevent *falciparum* malaria on return from malarious areas. *Lancet* 336: 377.

Benzerrong, E. H. e Elom, B. (1991). The world malaria situation and strategies for Africa. Organização Mundial de Saúde (OMS) Genebra, pp. 6-7.

Brabin, B. J. (1983). Analysis of malaria in pregnancy in Africa. *Boletim da Organização Mundial de Saúde* 61:1005-1006.

Bradley, D. J. (1995). A epidemiologia da malária nos trópicos e nos viajantes. In: Pasvol, S. (ed.) *Bailliere's Clinical Infectious Diseases*. Vol. 2, No 2, julho, Bailliere Tindall, Londres, pp. 223-224.

Brewster, D., Kwiatkowski, D. e White, N. J. (1990). Sequelas neurológicas da malária cerebral na infância. *Lancet* 336: 1039-1043.

Bruce-chwatt, L. J. (1988). Chemotherapy of malaria. *Série de Monografias da OMS*, n.º 27:7-23.

Clyde, D. (1971). Perspetiva de uma vacina eficaz contra a malária. New scientist, *American Journal of Tropical Medicine and Hygiene* 24: 397.

Denyer, S.P., Hodges, N.A. e Gorman, S.P. (2004). *Pharmaceutical Microbiology*, 7ª edição. Blackwell Science Publishers, Índia, pp. 83-85.

Foster, S. (1994). Economic prospects for new antimalarial drugs. *Transactions the Royal Society of Tropical Medicine and Hygiene* 885: 5-56.

Francoise, G., Bringmann, G., Phillipson, J. D., Ake Assi, L., Dochez, C. e Rubenacker, M. (1994). Atividade de extractos e alcalóides de naftilisoquinolina de *Triphyophyhum peltatum. Ancistrocladus* e *A. barteri* contra *Plasmodium falciparum in vitro*. *Phytochemistry*. 35: 1461-1464.

Francoise, G., Bringmann, G., Phillipson, J. D., Dochez, C., Rubenacker, M., Schneider, C., Timpermann, G. e Ake-Assi, L. (1995). Atividade de extractos e alcalóides de naftilisoquinolina de *Triphyophyhum peltatum. Abbreviatus* e *A. barteri* contra *Plasmodium berghei. Journal of Ethnopharmacology* 46: 115-120.

Francoise, G., Timpermann, G., Eling, W., Assi, L. A., Holenz, J. e Bringmann, G. (1997). Alcalóides de naftilisoquinolina contra a malária: avaliação dos potenciais curativos da dioncofina C e do *P. berghei in vivo*. *Antimicrobial Agents and Chemotherapy* 41: 2533-2539.

Fujioka, H., Nishiyama, Y., Furukawa, H. e Kumda, N. (1989). Atividade in *vitro* e *in vivo* da atafilina e alcalóides de acrinidina relacionados contra a malária. *Antimicrobial Agents and Chemotherapy* 33:6-9

Fry, M. e Pudney, M. (1992). Local de ação da hidroxinaftoquinona antimalárica. BW 566C80. *Biochemical Pharmacology* 43: 1545-1553.

Gillespie, S. H., Msaki, E. P. e Ramsay, A. (1993). Uma nova formulação micronizada de cloridrato de halofantrina no tratamento de *Plasmodium falciparum* agudo. *Transação da Sociedade Real de*

Medicina Tropical e Higiene 27: 467-469.

Gonzalez-Garza, M.T. e Said-Fernandez, S. (1988).*Entamoeba histolytica*: potente efeito anti-amebiano *in vitro* do gossipol. *Experimental Parasitology* 66:253-255.

Greenwood, B. M., Bradley, A. K. e Greenwood, A. M. (1987). Mortality and morbidity from malaria among children in a rural area of the Gambia, West Africa. *Transação da Sociedade Real de Medicina Tropical e Higiene* 81: 478-486.

Gupta, P.K. (2007). *Elementos de Biotecnologia*, 1ª Edição. Rastogi Publishers, Nova Deli, Índia. pp. 242.

Heisey, G. E., Milhous, W. K. e Hansuklarita, P. (1988). Propriedades curativas radicais do WR 238605. *Sociedade Americana de Medicina Tropical e Higiene* 39: 217 (Resumo No. 323).

Hien, T. T. e White, N.J. (1993). Quinghaosu *Lancet* 341: 603-608.

Centro Internacional da Criança (ICC) (1989). *Children in the Tropics (Crianças nos Trópicos).* Chateau de Longchamp Publishers, Paris, pp. 17-18, 25-30.

International Travel and Health (ITH) (2002). Bom capítulo sobre doenças evitáveis por vacinação, vacinas e vacinação. (Em linha em www.who.int/ith/International Travel and Health 2002; www.cdc. gov/nip/publications/pink.

Jigam, A.A. (2005). Malarial Herbal Remedy-A review. *Livro de Leituras da 1ª Conferência Anual da Escola de Ciências e Educação Científica.* Universidade Federal de Tecnologia de Minna, Nigéria, pp. 117-122.

John, W. K. (1977). *Biology*, 4th Edition. Andover Publishers, Massachusetts, pp. 648649.

Johnstone, M. (1987). Perspetiva de uma vacina eficaz contra a malária. *Journal for Science* 71: 207.

Kirby,G. C., Neill, M. J., Phillipson, J. D. e Warhurst, D. C. (1989). Estudos in vitro sobre o modo de ação de quassinoides com atividade contra *P falciparum* resistente à cloroquina *Biochemical Pharmacology* 38: 4367-4374.

Kolberg, R. (1994). Controlo de parasitas. Finding "sustainable" ways to prevent parasitic diseases. *Science* 264: 1859-1861.

Kuschner, R. A., Heppner, D. G. e Anderson, S. L. (1994). Profilaxia com Azi tromicina contra uma estirpe de *Plasmodium falciparum* resistente à cloroquina. *Lancet* 343: 1396-1397.

Lucas, A. O. e Gills, H. M. (1990). *Prevention Medicine for the Tropics*, 3ª Edição. Bath Press Avon Publishers, E.U.A., pp. 182-189.

Mahmoud, A. A. F. (1987). Protozoários e helmintos parasitas: Biological and immunological challenges. *Ciência* 246: 1015-1022.

Marsh, K., Forster, D. e Waruira, C. (1995). Indicadores de paludismo com risco de vida em crianças africanas. *New England Journal of Medicine* 332: 1399-1404.

McGregor, I. A. (1984). Epidemiologia, paludismo e gravidez. *American Journal of Tropical Medicine and Hygiene* 33: 517-525.

Mckane, L. e Kandel, J. (1996). *Microbiology: Essentials And Applications*, 2ª Edição. McGraw-Hill Publishers, Nova Iorque, pp. 293-294, 390, 661-664.

Miller, L.H. (1977). Hipótese sobre o mecanismo de invasão dos eritrócitos pelo merozoíto da malária. *Boletim da Organização Mundial de Saúde* 55: 157-162.

Miller, L. H., Howard, R. J. e Carter, R. (1986). Research towards malaria vaccines (Investigação para vacinas contra a malária). *Science* 234: 1350.

Mims, C., Dockrell, H. M., Goering, R. V., Roitt, I., Wakelin, D. e Zuckerman, M. (2005). *Microbiologia Médica*, 3ª Edição Actualizada. Elsevier Mosby Publishers Limited, Espanha, pp. 391-394, 535-537.

Moluneaix, L e Cramicara, C. (1980). Investigação sobre epidemiologia e controlo do paludismo na savana sudanesa da África Ocidental. O Projeto Garth. OMS, Genebra.

Nester, E. W., Anderson, D. G., Roberts Jr., C. E., Pearsall, N. N. e Nester, M. T. (2004).

Microbiology: Uma Perspetiva Humana, 4ª Edição. McGraw-Hill Publishers, Nova Iorque, pp. 425, 730-734.

Nwagu, M. (1993). Controlo de doenças parasitárias humanas através da tecnologia de ADN recombinante. *Actas do Workshop Nacional sobre Biotecnologia*, Nigéria, pp. 137141.

Okara, G. C. e Khalil, K. M. (1993). Vacina contra a malária: Perspectivas e desafios. *Journal of Medical Laboratory Sciences* 3: 5-9.

Oxford Concise Medical Dictionary (2003). 6ª edição. Oxford University Press. Grã-Bretanha, pp. 409.

Dicionário Oxford de Ciência (2003). 4ª Edição. Oxford University Press. Grã-Bretanha, pp. 215.

Pang, L. W., Boudreau, E. F., Limsomwong, N. e Singharaji, P. (1987). Doxycycline prophylaxis for *falciparum* malaria *Lancet* 1: 1161-1164.

Phillipson, J. D. (1994). Natural Products as Drugs. *Transactions of the Royal Society of Tropical Medicine and Hygiene* 88: 17-19.

Prescott, L. M., Harley, J. P. e Klein, D. A. (2005). *Microbiologia*, 6ª Edição.

McGraw-Hill Publishers, Nova Iorque, pp. 926 -932.

Prescott, L. M., Harley, J.P., Klein, D.A., Willey, J.M., Sherwood, L.M. e Woolverton, C.J. (2008). *Microbiology*, 7th Edition. McGraw-Hill Publishers, Nova Iorque, pp. 10011004.

Rasheed, F. N., Bukmar, J. N. e Dunn, D. J. (1993). Supressão das respostas linfoproliferativas do sangue periférico e da placenta na primeira gravidez: relevância para a malária. *American Journal of Tropical Medicine and Hygiene* 48: 154-160.

Roger, H e Miller, R. (1989). *Medical Laboratory Haematology*, 13th Edition Vol.1 Longman Group Limited, London, pp. 108-112.

Salako, L. A., Aderounmu, A. e Walker, O. (1981). Sensibilidade à cloroquina de *P. falciparum* em Ibadan, Nigéria. 11, correlação da sensibilidade *in-vitro* com a sensibilidade *in- vivo*. *Transação da*

Sociedade Real de Higiene Tropical e Medicina 75: 5.

Shanks, G. D., Edstein, M. D. e Kereu, R. K. (1993). Administração pós-exposição de halofantrina para a prevenção da malária. *Clinical Infectious Diseases* 17: 628 - 631.

Shanks, G. D. (1995). Malaria prevention and prophylaxis In: Pasvol, G. (ed.) *Bailliere Clinical Infectious Diseases.* Vol. 2, No.2, Londres: Bailliere Tindall, pp. 336 -349.

Szekeres Bartho, J., Philibert, D. e Chaouat, G. (1990). A supressão da progesterona dos linfócitos da gravidez não é mediada pelo efeito glucocorticoide. *American Journal of Reproductive Immunology* 23: 42-43.

Talaro, K. P. (2005). *Foundations in Microbiology*, 5ª edição. McGraw Hill Publishers, Nova Iorque, pp. 693 -694, 703-706.

Tanner, M., Teuscher, T. e Alonso, P. L. (1995). SPf66: A primeira vacina contra a malária. *Parasitology Today* 11: 10.

UNICEF (1993). O prescritor: Directrizes sobre a utilização racional de medicamentos nos serviços básicos de saúde, n.º 5. pp. 1-9.

Venners, J. L. e Klyanman, D. L. (1988). Proberine alkaloids as antimalarials. *Journal of Medicinal Chemistry* 31:1084-1087.

Vleugels, M. P. H., Eling, W. M. C., Rolland, R. e De Graaf, R. (1987). Cortisol e perda de imunidade contra a malária na gravidez humana. *British Journal of Obstetric and Gynecology 94*: 758 -764.

Weinberg, E.D. (1984). Pregnancy-associated depression of cell-mediated immunity (Depressão da imunidade mediada por células associada à gravidez). *Review of Infectious Diseases* 6: 814-831.

Werner, S. e Friedrich, K. M. (1987). Infectious disease in the history of medicine. 2ª ed., F. Hoffmale Roche Co. F. Hoffmale Roche Co., Suíça, pp. 213.

White, N. J., Warrell, D. A. e Chanthavanich, P. (1983). Hipoglicemia grave e hiperinsulinemia na malária falciparum. *New England Journal of Medicine* 309: 61 -66.

Winstanley, P. A. (1995). Quimioterapia anti-malária. In: Pasvol, G. (ed). *Bailliere's Clinical Infectious Diseases*. Bailliere Tindall, Londres, pp. 293.

OMS: Organização Mundial de Saúde. (1985). Bibliografia trimestral das principais doenças tropicais. Vol. 15 No. 4. 4º trimestre de 1994.

OMS: Organização Mundial de Saúde. (1990). Quimioterapia prática da malária. Relatório do Grupo Científico da OMS. *Série de Relatórios Técnicos*, n.º 805, OMS, Genebra.

OMS: Organização Mundial de Saúde. (1990). Tropical Disease. Progress in programmes, OMS, Genebra 27-33. Investigação internacional 1988-1990. Nono Relatório do Programa Especial do PNUD/Banco Mundial/OMS para a Investigação e Formação em Doenças Tropicais (TDR).

Wright, C. W., Alien, D., Phillipson, J. D., Kirby G. C., Warhurst, D. C., Massiot, G. e Men-Oliver, L. (1993). Espécies *de Alstonia*: são eficazes no tratamento da malária? *Journal of Ethnopharmacology* 40: 41 -45.

MIX
Papier aus verantwortungsvollen Quellen
Paper from responsible sources
FSC® C105338

Printed by Books on Demand GmbH, Norderstedt / Germany